筑境

中国精致建筑100

苏州民居

俞绳方 撰文／俞绳方等 摄影

中国建筑工业出版社

出版说明

中国是一个地大物博、历史悠久的文明古国。自历史的脚步迈入新世纪大门以来，她越来越成为世人瞩目的焦点，正不断向世人绽放她历史上曾具有的魅力和光辉异彩。当代中国的经济腾飞、古代中国的文化瑰宝，都已成了世人热衷研究和深入了解的课题。

作为国家级科技出版单位——中国建筑工业出版社60年来始终以弘扬和传承中华民族优秀的建筑文化，推动和传播中国建筑技术进步与发展，向世界介绍和展示中国从古至今的建设成就为己任，并用行动践行着"弘扬中华文化，增强中华文化国际影响力"的使命。从20世纪80年代开始，中国建筑工业出版社就非常重视与海内外同仁进行建筑文化交流与合作，并策划、组织编撰、出版了一系列反映我中华传统建筑风貌的学术画册和学术著作，并在海内外产生了重大影响。

"中国精致建筑100"是中国建筑工业出版社与台湾锦绣出版事业股份有限公司策划，由中国建筑工业出版社组织国内百余位专家学者和摄影专家不惮繁杂，对遍布全国有历史意义的、有代表性的传统建筑进行认真考察和潜心研究，并按建筑思想、建筑元素、宫殿建筑、礼制建筑、宗教建筑、古城镇、古村落、民居建筑、陵墓建筑、园林建筑、书院与会馆等建筑专题与类别，历经数年系统科学地梳理、编撰而成。本套图书按专题分册，就其历史背景、建筑风格、建筑特征、建筑文化，结合精美图照和线图撰写。全套100册、文约200万字、图照6000余幅。

这套图书内容精练、文字通俗、图文并茂、设计考究，是适合海内外读者轻松阅读、便于携带的专业与文化并蓄的普及性读物。目的是让更多的热爱中华文化的人，更全面地欣赏和认识中国传统建筑特有的丰姿、独特的设计手法、精湛的建造技艺，及其绝妙的细部处理，并为世界建筑界记录下可资回味的建筑文化遗产，为海内外读者打开一扇建筑知识和艺术的大门。

这套图书将以中、英文两种文版推出，可供广大中外古建筑之研究者、爱好者、旅游者阅读和珍藏。

目录

苏州民居

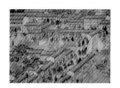

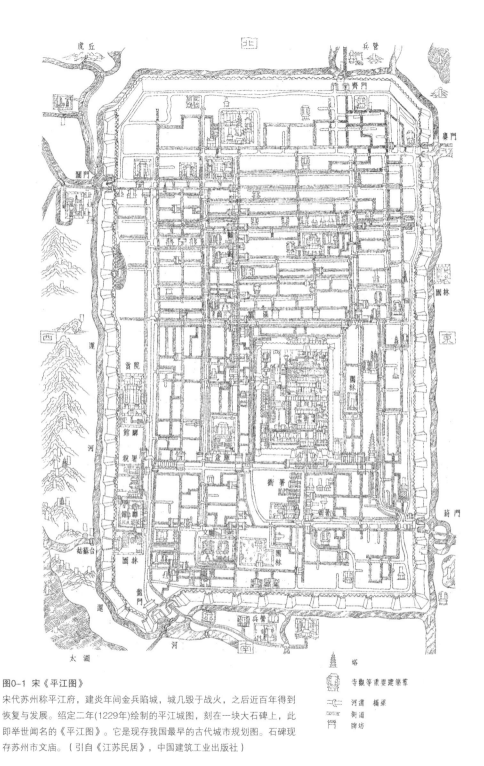

图0-1 宋《平江图》

宋代苏州称平江府，建炎年间金兵陷城，城几毁于战火，之后近百年得到恢复与发展。绍定二年(1229年)绘制的平江城图，刻在一块大石碑上，此即举世闻名的《平江图》。它是现存我国最早的古代城市规划图。石碑现存苏州市文庙。（引自《江苏民居》，中国建筑工业出版社）

苏州，位于中国长江三角洲的腹部，江苏省之东南，是世界闻名的水都古城和风景旅游城市。

苏州最早称阖闾城，始建于公元前514年的春秋时期，是吴国都城，由伍子胥负责规划建设。至今算来，苏州建城历史已经有2500多年了。秦统一中国置会稽郡，郡治设在吴（今苏州）。隋开皇九年（589年），因城西南有姑苏山而定名苏州。唐为苏州府，宋为平江府，元称平江路，明属江苏省苏州府，清因之，为江苏省治。

苏州古城城墙呈长方形，东西宽4.5公里，南北长6公里。伍子胥建城时，"相土尝水，象天法地"。在城四周建设了八座水陆并列的城门，城门上有巍峨城楼。这八门是东为娄门、匠门，南为蛇门、盘门，西为胥门、阊门，北为平门、齐门。这些城门名称留传至今。城中央为宫城，

图0-2 盘门水陆城门
伍子胥于春秋时筑苏州阖闾大城，根据水网城市特点和军事防御需要，造了八座水陆并列的城门。历经2500多年沧桑，盘门仍完整地保存其位置与格局，但建筑物已是宋元时再建的。这是一座中国仅存的水陆城门，故十分珍贵。

图0-3 报恩寺塔（俗称北寺塔）/对面页
古代苏州城塔很多，宋代尚有13座，至今剩4座。塔是苏州古城风貌的重要标志。北寺塔位于人民路北端，始建于梁代，重建于宋代并留存至今。这座八面九级砖木结构的楼阁式佛塔，高78米，外观气势雄伟，有"江南第一塔"之誉。

以后历代为府衙所在。古城城墙外有宽阔的护城河，南面和西面的护城河即隋唐京杭大运河的一部分。城内河道多系人工开凿。至少隋唐时城内外已形成完整的水系。水巷逶迤，街道纵横，石桥飞架，民居临流，满目是一幅幅清新素雅的水城风光图画。

苏州气候宜人，物产丰富，交通方便，文化发达，名胜众多，无论自然景观和人文景观都具魅力。且自五代以来很少战乱，社会平静，许多达官贵人、文人雅士都爱来苏州营建"安乐窝"。因此，苏州拥有众多宏大精美的住宅和园林。

苏州历代能工巧匠多，建筑营造技艺水平高，形成一个建筑匠人的群体，俗称"香山帮"，以明代著名匠师蒯祥为代表。他们曾参加明代北京宫殿建设，对苏州住宅营造作出过重大贡献。

图0-4 《姑苏繁华图》局部
清代苏州著名画家徐杨所绘。全图描绘了苏州的一村（灵岩山山前村）、一镇（木渎）、一城（苏州城）、一街（虎丘山塘街）的景观。此帧为七里山塘街繁华市廛的风貌。

一、君到姑苏见
人家尽枕河

苏州民居

君到姑苏见

人家尽枕河

筑境
中国精致建筑100

苏州城是以水为中心，河道为脉络，大小河道如经如纬，纵横交织，桥梁有三百余座，河道一般均与街道相互平行，形成"河街平行，水陆相邻"的双棋盘式水城格局。自太湖、四郊和大运河来的船只，可以直达居住街坊内的民居前后。这纵横交织的河道和街巷将城市用地规划成"前街后河"的街坊。唐时为60坊，宋时65坊。至今苏州古城区仍部分保持着这种规划形态。街坊前的一段河道和与之相平行的街巷组成"水巷"，其长度即街坊的长度，一般为200—400米左右。沿街、临河多为民居建筑，也有商店和手工业作坊等。水巷两端是小桥，有的水巷中间也有桥。沿河的街巷、河上的小桥、临水的建筑、滨河的绿化和流动的河水、行走的船只，共同组成"小桥、流水、人家"的清新图景。

水巷的主体是民居。鳞次栉比的民居建筑，临水而造，枕水而筑，顺着东西长南北短的矩形街坊，呈横向联列式布局。民居多坐北朝南，前门沿街巷，后门临河道。"门前石街人履步，屋后河中舟楫行。"素净淡雅的民居建筑，粉墙照影，蠡窗映波，显示出"人家尽枕河"的明丽特色。

苏州民居靠近河道而建，是极为明智、成功的规划。"旦暮饮汲"，全赖河道之水，取用非常方便。每家每户几乎都有水埠和水踏步，或依墙，或挑出屋外，或凹在屋内，形式多种多样，汲水、乘船和洗涤等都很便利。前门水码头多为出门旅行和迎送宾客之用，各种

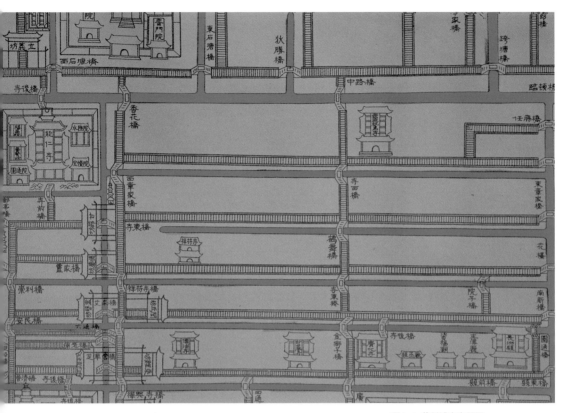

图1-1 苏州城市布局图

苏州城市布局是以河道为骨架，道路相依
附的双棋盘式格局。大多数街坊是"前街
后河"，或坊周边有河道。这种格局给苏
州人民带来了取水和交通的极大便利。

图1-2 苏州水巷

苏州纵横交错的水道和街巷，形成"前街后河"的街坊。唐时城内有六十坊，宋时有六十五坊，至今旧城区仍保有这种建制。苏州的街坊大多呈矩形，南北短、东西长，一般在200—400米之间。较大的水巷大多经纬有序，较小的水巷多不取直，形成迂回曲折的情趣。此图系站在某座桥上拍摄的，在晨光中，两岸民居的后门依傍河道；白墙黑瓦，点缀着朱红色的窗棂，建筑素净淡雅。远处可见另一座石桥。或许时间尚早，河中未见行船，显得特别幽静。

不同的船就停在自己家门前的河面上。一般迎亲、访友、烧香、扫墓等均用小型的画舫，约可坐十人，船虽不大，但船型典雅优美。中舱是主舱，内设小巧的桌椅。船艄有小厨房可烹菜煮茶。船头有一青石凳，用以维系平衡，行驶平稳快捷。故苏州人称其为"快船"。苏州著名的船菜，即是在这种画舫上烹饪的菜肴，非常可口。达官贵人用船游览宴客时，必事先发请柬，上书"水宫候光，舟泊某处，舟子某人"，相沿成俗。普通平民百姓出行时，为节省多叫一只设备简单的划板船。住宅后门水码头是为洗刷、购物等生活之用。水巷里时时会响起叫卖声，居民在家中不用出门，推开临河的楼窗，缓缓荡下一只竹篮子，就方便地买到了需要的物品或小吃，也可在自家的水码头上，让小船靠过来购买。蔬菜鱼虾，各色时鲜，一年四季，应有尽有。家家烧饭的燃料是稻草（苏州人俗称稻柴）也全靠河道运输。其他如粪便、垃圾、棺木，也都由船只运至城

图1-3 苏州沿河民居

苏州位于江苏省东南境，临近太湖，在行政区划上现为省辖市，辖三区、一郊区及吴县、吴江、太仓三县*。市区面积178平方公里，分为旧城、新城两部分。旧城西郊多山，以虎丘最为著名。苏州旧城以园林著称，这些官宦、士绅所建的园林，可视为上层社会的民居。城内"河街平行，水陆相邻"，人们沿河而居，故有中国威尼斯之称。图中显示了苏州小市民的典型民居。邻河的一面都有石砌河堤，房舍都有出檐，并有出厦和围栏，各户人家都有上下船的地方，远处可见桥梁，"小桥流水人家"的情趣跃然纸上。

*本书稿写于20世纪90年代。 ——编者注

图1-4 砌筑石级的水踏步

苏州民居都靠近河道，为的是"旦暮饮汲"生活上的取用方便，几乎每家每户都有砌筑石级的水踏步通向河道，使汲水、乘船和洗涤衣物等甚便利。行走在水巷中不时能见到妇女在河埠洗菜、搓衣。苏州人俗称"上河滩"。

图1-5 水、船与人的密切关系

船曾是苏州人生活的必需工具。农副产品
全靠四乡八镇农民用船运来。城里人要出
行，尤其出远门，都得以船代步。大小舟
楫在河道中穿梭往来，也给苏州古城带来
无穷的生机和情趣。

筑境 中国精致建筑100

图1-6 船自家中过
民居建筑的前门和后门都靠河或临河。有的民居甚至跨在后河上向外延伸，有如河流穿宅而过，因而形成"船自家中过"的特殊景致。

外。河道还是城区雨水、污水的排放地和宅园中活水的补给源。

双棋盘的水城格局，使人们可以方便地使用水、亲近水，水为居民的衣食住行带来很多的方便和无尽的欢悦。有水才有苏州，苏州是水做的，苏州人对水有割舍不断的情结，苏州人喜欢在水边住，水与人、水与建筑的亲密关系，就成了苏州民居的重要特征。

二、苏州民居的布局和建筑艺术

苏州民居的布局和建筑艺术

筑境 中国精致建筑100

苏州民居总的布局是以一进院落为单元，向纵深方向贯穿组合而成一整体。每一厅、堂、楼的前面均有一个天井或庭院，建筑与天井庭院组成孪生的一对，就是一"进"。这是苏州民居最基本的单元，也是苏州民居的特征之一。苏州民居主要有四种类型：

大型民居　都是建于明清两代宽敞宏伟的古建筑。古朴的风韵，精美的建筑艺术，丰富的文化内涵令人赞叹不已。平面布局是：大门前有照壁，有一字形、口字形、八字形等，依官阶而建，更有隔河照壁，须官至一品方能建造、今拙政园前为仅存者。照壁是宅前的屏障和对景，大门与照壁间为宾客轿马停歇之广场。入大门为门厅，这是第一进。第二进为轿厅，供停宅主人之轿和轿夫休息之用。过轿厅穿越第一个砖雕门楼，经天井到达大厅（即正厅），这是第三进。大厅为接待宾客和喜庆婚丧典礼之用。过大厅进入第四进院落便是女厅或内厅，为家眷住的地方，大多为面阔五间的楼房，有的两边还带厢房。第五进为闺房或称绣楼，为小姐居住的地方。内厅、闺房统称上房。进数多寡则视房主财力和需要而定。宅大者可多至七进。

大型民居横向分为若干"落"，在正中纵轴线上的建筑如门厅、大厅、上房等谓"正落"。两侧平行正落之建筑群称"边落"，其主要建筑为花厅、书房，还有客房、账房、厨房、下房等。规模大的有六七落之多。正落与边落间设备弄，作为交通和分隔空间之用。大

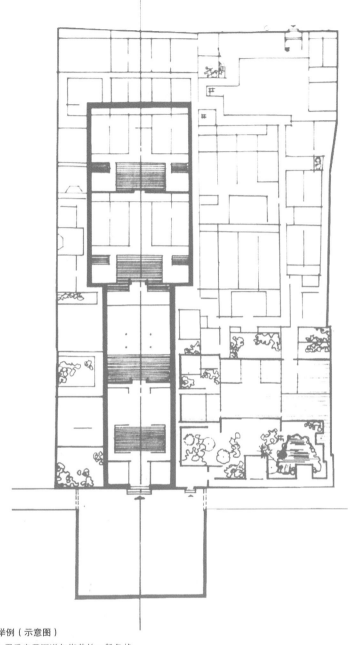

图2-1 "进"的举例（示意图）
苏州传统民居多占用垂直于河道与街巷的一般条状
用地，其平面采取一进或一进的院落单元，纵深方
向递进贯串组合而成一个民居的整体。"进"，就
是每一座厅、堂、楼与其前面的天井或庭院所组成
的内外空间。这是苏州民居最基本的单元。

厅、楼厅等前后均设天井。大厅前面天井大，多作横长方形，进深与大厅檐高相等，宽与大厅相同，以利通风、日照。后面的天井小而狭，深仅1.8—2米，俗称"蟹眼天井"。因北临高的界墙，可有效防止西晒和冬天北风侵袭。夏季，厅、楼开启北窗，可引导气流沿高墙流动，产生回旋风，使进深很大的厅、楼获得良好的对流通风。蟹眼天井还有屋檐滴水、垂直绿化，以及粉墙反光增强厅楼光亮等作用。大型民居多附有花园，叠山理水，花卉树石，亭廊曲径，环境幽雅。今苏州之古典园林，即为昔日大型民居之宅园。

封建儒家思想的纲常伦理影响着民居的平面布局、功能划分和空间组织。无论宅基地形如何，正落必居正中，且中轴线由大门贯穿到后楼，概无例外。正落由父辈居住，子辈则居住在边落，除非儿子成家立业后，另立门户自建宅第。门房、账房、塾师、清客、仆从等男子，一律住在正落之外，尤其与正落的上房隔绝，以恪守男女有别，授受不亲之规。下房包括厨房、柴房、杂物间和佣人住房，建在边落后面。厨房中的灶最多可置五镬，吴语称"五眼灶"。一个大宅中住百余人不足为奇，非五眼灶不可。

苏州大型民居较完整且有历史文化价值者，尚有多处。如阔家头巷何宅是保存最完好的古民居之一。此宅建于清乾隆年间，宅门南有大型照壁，东西设辕门，为苏州大型民居门前广场保存最完整者。大门为将军门式，入门

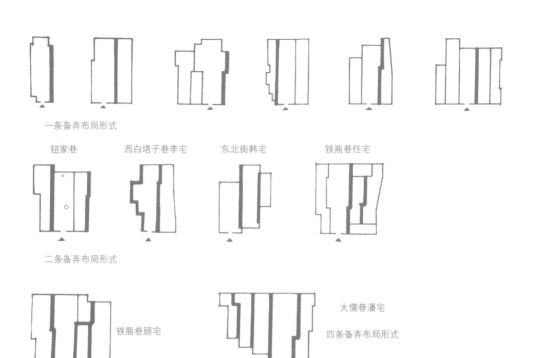

一条备弄布局形式

钮家巷　　　　西白塔子巷李宅　　　东北街韩宅　　　铁瓶巷任宅

二条备弄布局形式

铁瓶巷顾宅

三条备弄布局形式

大儒巷潘宅

四条备弄布局形式

图2-2 "落"的构成举例和备弄布局（示意图）

在"前街后河"的条件下，大型民居纵深方向无发展余地。要扩大时只有向左右发展。另用轴线组成，称为"落"。在主轴线上的谓之"正落"，在其左右两侧平行于正落者称为"边落"。

进门厅、过轿厅到大厅，大厅面阔三间，名"万卷堂"。厅旁列书房。正对大厅有精美砖雕门楼一座，为苏州民居中之佼佼者。其后女厅名"撷秀楼"，为晚清著名文人俞樾所书，楼二层，面阔六间，明五暗一。东首联厢房。天井为横长方形，两侧隔以墙垣、漏窗，内种桂树，为女眷休闲处。封建道德对妇女限制甚严，不得随意外出，终日只能在这小天地中活动。最后一进为下房，近十全街。住宅西侧为宅园，即著名之网师园，轿厅、女厅多处设门可通园内。女厅后庭院之假山可拾级而登，转入"竹外一枝轩"后之楼房，楼上可凭窗俯视网师园全景。此为宅园巧妙过渡之佳构。

铁瓶巷任宅，为清光绪初浙江巡抚、花卉画家任道镕所建，是坐北朝南三落五进的大宅。入口设二处，在正落轴线上的大门居中，其东侧另设一门通备弄。门前有紧靠河道的大型"凵"形照壁和东西辕门，其建筑气魄之大，为苏州住宅之最。正落进大门为门厅、轿厅构成四合院，中为天井。入内为大厅，名"颐寿堂"。其后为女厅、上房二进，均五开间，梢间前有厢，而二厢与厅不相连，中间隔小院，对于梢间采光和通风均多好处。东落设

图2-3a,b 铁瓶巷任宅平面图/对面页

这是坐北朝南三落五进的大宅。门前有紧靠河道的大型"凵"形照壁和东西辕门。正落为大门、门厅、轿厅、大厅、上房二进。东落有东花厅和庭院，是苏州大宅中规模最大和内容最丰富者。西落亦有花厅。此宅规模大，建筑质量高，花厅数量多，庭院面积大且有特色。（引自《苏州古典园林》，中国建筑工业出版社）

尚 书 里

楼房

仁
德
坊

西花厅　颐寿堂

方厅　轿厅　船厅　东花厅　签押房

门厅

铁 瓶 巷

住宅平面

a

0　5　15m

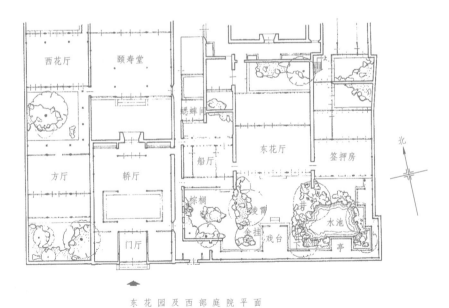

西花厅　　颐寿堂

绣䗶阁

船厅　　东花厅　　签押房

棕榈

方厅　　轿厅

门厅

井　水池

戏台　亭

北

东 花 园 及 西 部 庭 院 平 面

b

0 1　5　10m

东花厅。厅前大约二进的深度辟为庭院，平面布局曲折自由，富于变化，周围设置回廊。花厅南面庭中有一小型戏台，院中缀大小假山，植古树名木，皆不挡视线，以畅视野。花厅之北亦为缀以花木山石的庭院。此宅花厅和庭院是苏州大宅中规模最大和内容最丰富者。西边落有西花厅，东面缀以廊，厅前厅后庭院中皆置山石花木。此宅的特点是规模庞大，房屋总建筑面积达五千多平方米，建筑质量高，花厅数量多，虽无宅园，但庭院面积大，且叠山理水，似小花园。整个住宅栽植甚多，建筑装修精致讲究，造型挺秀明快。

中型民居 居住街坊一般进深在七八十米左右，中型民居在此进深内可分作南北两户。南入口之民居三四进为多，北入口之民居二三进为多。中型民居平面布局基本与大型民居类似，多数为一落，少数二落，一般不设备弄，附房较少，亦无宅园。厅堂、上房等建筑规模尺度亦较小。如沧浪区南庐，一落四进，有门厅、轿厅、大厅，末进为三上五下（上层三间，下层五间）的楼房，附二耳房。现基本保持原有风貌。清末著名学者俞樾故居也属中型民居，共二落。正落有门厅、轿厅、大厅、上房共五进。门厅悬李鸿章题"德清俞太史著书之庐"额，大厅名"乐知堂"。边落为三进，前为"小竹里馆"，为俞樾读书之处，后为"春在堂"，是俞以文会友和讲学之处。堂名"春在"有特别意义。俞中举后，在北京保和殿应礼部复试，试题为"淡烟疏雨落花天"。俞樾答卷首句是"花落春仍在"，

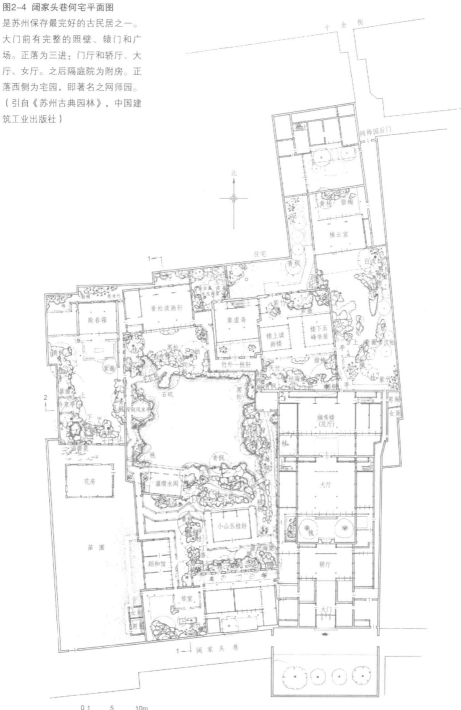

图2-4 阔家头巷何宅平面图

是苏州保存最完整好的古民居之一。大门前有完整的照壁、辕门和广场。正落为三进:门厅和轿厅、大厅、女厅。之后隔庭院为附房。正落西侧为宅园,即著名之网师园。(引自《苏州古典园林》,中国建筑工业出版社)

0 1 5 10m

图2-5 民居前门是街
苏州传统民居前门轩敞高大，多临街面。

受到复试题卷官、礼部侍郎曾国藩的赞赏，置第一进呈，俞中一等第一名。他对此终身不忘，不仅用"春在"为堂名，且作为所著诗文集的题名。堂正中屏门上刻俞樾自撰、吴大澂书《春在堂记》，上悬曾国藩题"春在堂"额。因住宅西北有隙地，形如曲尺，故在"春在堂"后凿小曲池，筑曲水亭，沿西墙布设长曲廊，池边假山峰回路转，仅有回峰阁及风光旖旎的牡丹台，园虽小却兼山水曲折幽致之胜。俞樾因园小，仅"一曲而已"，并取《老子》"曲则全"之意而名"曲园"。1954年俞樾曾孙著名红学家俞平伯先生将故宅捐献给国家。现经全面整修，对外开放，并列为市级文物保护单位。

苏州大中型民居的建筑艺术有四个特点：从空间上讲，天井庭院开朗欢快的色调与室内淡雅安宁的色调形成对比，富有变化和生气；从外形上讲，临街门面不宽，故正立面比较简

图2-6 民居后门是河

大宅居后面多是附属房间，如灶间、柴间等，
宅后临河十分方便。

苏州民居的布局和建筑艺术

筑境 中国精致建筑100

洁，但屋顶围墙高低错落，造成丰富的侧立面；从色彩上讲，苏州民居善于利用本地建筑材料并结合气候和环境，构成粉墙、黛瓦和棕色门窗的建筑色彩，使民居建筑更具特有的风韵；从文化上讲，由于建筑有文学、诗词、书法、绘画和工艺美术等文化艺术的注入，使民居具有浓郁的文化艺术环境气氛，是精神庇佑的生活空间。

小型民居 小型民居多数具有布局紧凑，平面自由灵活，构造简单，材料节省，装修朴素等特点。注重土地和建筑空间的充分利用。它们的面积不多，占地不大，层数不高（一二层），但却有类型众多的平面布

图2-7 小型民居大门
小型民居大多具有布局紧凑、平面自由灵活、构造简单、材料经济、装修朴素等特点，图为某小型民居的大门。

图2-8 小屋枕河

民居以多种形式与河道结合，因地制
宜进行布局，并在河边建造水踏步，
以方便用水和上下船。

苏州民居的布局和建筑艺术

筑境 中国精致建筑100

图2-9 水照壁/上图
照壁是宅前的屏障和对景，图中的水照壁据说需位
至一品始能建造。照壁可遮挡大门，使之不致暴露
于外，既具有风水的意义，也有美学的意义。

图2-10 耦园"城市山林"/下图
苏州民居以厅堂为主，大厅、花厅、书房和女厅通
常各成院落。大厅高大宽敞，是待客的场所，正面
为一排落地木窗，后面为白漆屏门，避免视线直通
内进，并在屏前摆置长几，上置盆景。图为苏州某
宅大厅一景，可见屏门、长几，及高挂椽木上的匾
额"城市山林"。

图2-11 蟹眼天井

大厅前面（南面）的天井宽大，进深与檐高相等。
后面（北面）的天井狭小，深不到2米，俗称"蟹
眼天井"。蟹眼天井外有高墙，可防止西晒和北风
侵袭，并可获得良好的对流通风。

局、空间组织和丰富的造型。最常见的有横长方形、曲尺形、三合院、四合院、一颗印等数种形式。

横长方形民居一般为二进,中间为天井,大门设在正中,房屋最后也有厨房、杂间等附房。横长方形民居两端向前扩出厢房,即为三合院。因正屋面阔三间(或五间),两边是厢房,俗称为三间(五间)二厢,在小型民居中这种类型很多。如中国近代杰出的词曲家(尤擅昆曲)、开创高校词曲教学第一人的吴梅故居,该宅在蒲林巷,坐北朝南,门屋一间偏于东隅,入门西折为三间带东西厢楼厅组成的三合院。厅旁有一小门,可导致东首书楼"奢摩他室",宽仅一间,深五檩,前后为小庭天井,北有五间的堂楼,与前楼隔天井相对。东梢间北出厢房。吴梅好藏书,又勤著述,一生节衣缩食,藏书达数万卷,其中不乏善本,故有上、下二书房,楼上东部亦为书房,名"百嘉室"。堂楼后天井北面为厨房、杂间、柴房等,由此可出后门,为双林巷。此宅布局合理,用地紧凑,朝向良好,是既经济又适用的小型民居实例。曲尺形的民居也很多,能使房间朝东、朝南,既争取了好朝向,又有一个天井。天井大些的,在靠墙一边筑花坛,点缀兰花、天竹、迎春之类,使满庭生芳,极富生活情趣。

沿河民居 沿河民居大多是平常百姓家,它一边依巷,一边临河,木桩叠石为基,因地制宜进行布局,既适用经济又灵活自由,并在

a

b

图2-12 大型民居绣楼

大型民居的女厅位于大厅之后，图为阔家头巷何宅的小姐绣楼。中央为横长方形天井，两侧隔以墙垣，内种花木，为女眷休憩处。

屋内外建造了多种形式的水踏步、水码头。为了争取空间，多挑出水面建屋，或贴河建平房，楼房则后退。众多鳞次栉比的沿河民居，顺河排列成行，高低起伏，凹凸变化，错落有致。

有的沿河民居还跨水建屋，以小桥架河上，将河道两岸房屋联成一户。有的大宅后门建跨河小桥通过对岸街巷，桥有顶、栏杆、窗，可蔽风雨，建造得十分玲珑精巧，俗称"暖桥"，是水巷的一大特色。

苏州民居

苏州民居的布局和建筑艺术

筑境 中国精致建筑100

三、民居中的主体建筑

民居中的主体建筑

筑境 中国精致建筑100

苏州民居中的主要建筑首推厅堂。大厅是用以待客、宴请、议事、婚丧喜事主要活动场所，是全宅最重要的建筑。它体形高大、结构稳重，形式规整。其建筑空间六个界面作不同处理，顶部多不做天花，仅草架覆木橼，仰观屋顶望砖表里整齐。地面铺青灰色方砖。正面为一排落地通长木窗。后面柱间为通长白漆屏门，以避免视线直通内进，并可在中间屏门上挂中堂对联。屏门前摆放长几及供桌。两侧墙皆粉白或下半部用磨细青砖贴面。大厅空间严整雅洁。

大厅通常面阔三间（明清制度庶民只能三间），若要更大则向纵深方向扩展。如明宰相申时行宅，大厅名"春晖堂"，高敞宏大，梁架雄健，据称能举百桌之宴。一般大厅正中明间较大，次间较小，建筑结构为硬山顶，梁架富者用扁作，一般多用圆堂。大厅正中悬匾额、中堂，柱子、两侧壁均挂书画对联。大厅

图3-1 曲园春在堂
是俞樾宅内讲学和会友之处。堂悬曾国藩题匾额，堂中屏门上刻有俞自撰、吴大澂书《春在堂记》。堂为三开间，结构和陈设均较简朴大方，堂前庭院略点假山花木。

东西侧门上有细砖雕刻之题额，正对大厅有雕刻精美之门楼，上有醒目之题词，使大厅和前面之天井都沉浸在主人所规范的意境之中，所有装修陈设都反映了主人的节守和情趣。

大厅的匾额题词非常讲究含义，书法多出自名家，它反映着主人身份、地位和修养。如阔家头巷何宅之"万卷堂"出自杜甫名句，由文徵明书；顾鼎臣宅之"霖雨堂"系宰相夏言所书。甚至有皇帝御赐之匾额，如东北街韩炎宅大厅，乾隆皇帝御书"有怀堂"匾额。

大厅前都有宽敞整齐之石板天井，多对称地种植金桂和玉兰，喻"金玉满堂"，更有植

图3-2 松茂堂
是昆山周庄明代巨富沈万三后裔沈本仁建于清乾隆年间沈宅的大厅。大厅面阔三间11米，前有轩廊，进深亦11米，厅平面成正方形。梁柱粗大，刻有龙、麒麟、鹤、凤。厅中悬"松茂堂"匾，为清代状元张謇所书。大厅南有宏大的砖门楼一座，正中匾额为"积厚流光"；四周额框刻有"红梅迎春"浮雕。

图3-3 钮家巷潘宅之花厅
系清代嘉庆、道光时宰相潘
世恩宅。其花厅分前后两
厅，前小，后大，平视如纱
帽状，故又名"纱帽厅"。

图3-4 阔家头巷何宅之女厅
/对面页
面宽五间带厢，悬俞樾书匾
额"撷秀楼"。厅内家具陈
设精美。厢前障以花墙，植
有桂树。登楼西望，天平、
灵岩诸山如黛痕一抹隐约窗
前。厅侧有便门可入花园
（网师园）。

海棠、牡丹于花坛中，谐"玉堂富贵"。

　　大厅正前方是全宅最重要之砖雕门楼，上部均用细磨青砖雕历史故事、传统戏文、花鸟走兽等，雕镂精致，并在正中雕字额，多为歌功颂德或鼓励后代之句，这一对称严谨又轻巧瑰丽之门楼，不仅是大厅对景，又为一座右铭式的景观建筑。它的结构坚固，具防盗功能，实为功用与美观兼顾之门楼建筑，是苏州民居之特色。

　　厅堂中列第二位的是设于边落的花厅、书房，要求安静幽雅，故自成院落，建筑精巧轻盈，以花篮、卷棚、回顶、贡式为多，厅前厅后必留有较大的空间，叠山理水，栽花植树，以营造自然之美、幽雅之趣。厅内陈设追求典雅精致，建筑色彩淡雅明快，家具布置则整齐中有变化，在此起居心平气和，宁静舒坦，远离嚣烦之境。花厅常为招待贵客休闲之处。如

民居中的主体建筑

筑境　中国精致建筑100

民居中的主体建筑

筑境 中国精致建筑100

图3-5 耦园载酒堂/前页
"载酒堂"为苏州耦园中的主体建筑之一，堂名借陆游词句"载酒园林，寻常巷陌"之意。园主的意向实为写酒事，虚指酒外之兴，可谓"醉翁之意不在酒，在乎山水之间也"，说明了文人寄情山水的超然心态。

清同治年间苏州评弹艺人因县衙禁说书，生计艰难，工部尚书潘祖荫为替评弹艺人解困，特请江苏巡抚丁日昌在宅中"纱帽厅"内听著名评弹家马如飞说唱"珍珠塔"，丁听后十分高兴，潘祖荫乘机进言。事后丁日昌令县衙取消无理之禁，在苏州传为佳话。

书房比起花厅来更需要环境的安静，所以有的住宅将书房单独辟作一院。如王洗马巷万宅在东南角专建一书房和独立的庭院与外界分开，环境十分僻静。书房四周装置透空的隔扇和槛窗，院中植花木，掇假山，建廊亭，既可闲庭信步，又四季有景可观，堪称读书作画最佳境地。

大宅正落大厅之后为女厅，它自成院落，都为二层楼房。楼上为眷属起居之所，楼下作女宾应酬之处。面阔五间（也有六间），有的两旁梢间建厢楼，前后天井中隔以短墙，使梢间自成一区，有独立小天井，植有花木，点缀假山，供女眷玩耍。前述阔家头巷何宅女厅撷秀楼，能看到其原来风貌。

四、旷士之怀　幽人之致的文人庭院

大中型民居正落布局严整规则，边落则多自由变化，花厅、书房及其庭院空间最能体现生活气息，庭院是花厅、书房空间的补充和延伸，作为读书、作画、会客的外部环境，要适于放怀适情，欣赏美景。因此，对其精心构思，创造高品位的艺术空间，体现出一种"旷士之怀，幽人之致"，十分亲切宜人。

铁瓶巷顾文彬宅，在东落南部，藏书楼、花厅、书房与庭院布置在一起。藏书楼名"过云楼"，名著江南。楼前是庭院，列峰石与南面花厅组成一四合院。花厅为鸳鸯厅，北侧名"艮庵"，南侧名"五岳起方寸"，中间以银杏木之屏相隔，屏阳刻花卉，屏阴刻书法。"五岳起方寸"前之五峰假山石与艮庵内之灵璧石皆为吴中珍品。晚清顾宅主人是著名画家、鉴赏家、金石家、藏书家顾麟士（鹤逸），他常在此与吴昌硕、吴大澂、杨岘、任熏、任预、顾云、倪田等江南名家切磋画艺。

图4-1 吴宅庭院
庭院作为花厅、书房之外部环境，都要精心构思，创造高品位的艺术氛围，以令人放怀适情，或与二、三友人小憩。图为清代书画金石家吴云宅之庭院。

图4-2 大新桥巷沈宅庭院中的树石小景

还值得一提的是发生在顾宅书房中的轶事，经顾氏祖孙三代搜集，至顾麟士时"过云楼"已藏有不少历代名人传世精品，但麟士从不轻易示人。北宋大名家巨然和尚所作《海野图》是稀世珍宝，麟士为此把厅堂改名为"海野堂"，足见对此画之珍惜。清末著名画家吴湖帆多次登门求观未能如愿。他偶然得知顾家总要把秘籍名画拿出来透风见阳，便等待时机。一日，出梅后三天，阳光灿烂暖风吹拂，吴立即赶往顾宅，果见"过云楼"书画满铺四处。麟士见湖帆欣然而来，感他渴求艺术，用心良苦，遂展示名卷，使吴大饱眼福。

吴门画派首领、明代大文学家、画家、书法家文徵明的书斋名"玉磬山房"。房前庭院不大，仅"一弓地"，但有松树、梧桐、修竹、百卉、芳草、小山、怪石、小池等，构成的景象简洁，却具王临川（安石）"扫石出古色，洗松纳空光"之意境。"阶前一弓地，疏翠荫聚聚。会心非在远，悠然水竹中"，这就是大画家在庭院环境中的心声。

庭院与厅房的布局也有多种形态，其中以一厅一庭、一厅二庭和二厅一庭者居多。所谓一厅一庭者，大多是前庭后厅，但也有的庭在厅中；一厅二庭，即厅分南北，南厅对前庭，北厅对后庭，厅的房屋构造和室内陈设也南北不同，称鸳鸯厅；二厅一庭是庭院在当中，二厅分在庭院南北，互相对照，称对照厅。还有二厅二庭、三厅一庭、三厅二庭等。

图4-3 庭院之峰石
苏州因产玲珑剔透的太湖石，苏州人又十分钟
爱这种具有空灵之美的太湖石，故庭院中常点
缀太湖石以象征天然景色。

图4-4 窗景/后页
民居中花厅、书房不仅注重室内陈设布置，也
重视室外庭院之环境，力求处处景观嘉美，赏
心悦目。图为某宅花厅之窗景。

苏州民居

旷士之怀 幽人
之致的文人庭院

镜境 中国精致建筑100

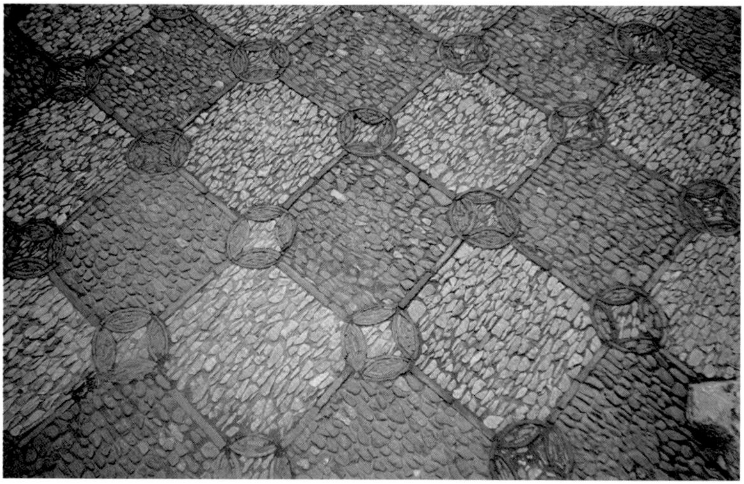

图4-5 铺地

民居中凡天井、庭院，很讲
究铺地，除了满足人的行
走、排水外，还注重美观。
常常利用碎砖瓦和碎瓷片铺
砌出各种图案花纹。

苏州出产玲珑剔透、姿态优美的太湖石，形态透瘦皱漏，独具一种既柔和又阳刚之抽象美，适合于庭院小空间。前述铁瓶巷顾宅之。"五岳起方寸"，在百多平方米的庭院内，罗列姿态优美、形象鲜明又奇异的五峰珍贵湖石（象征五岳）为主景，并以白皮松、黄杨陪衬，寓意"咫尺之内，而瞭万里之遥。方寸之中，乃辨千寻之峻"。

文人画家和退隐官宦对庭院都刻意经营。宋范仲淹、范成大、元倪瓒，明沈周、文徵明、唐寅、仇英、祝允明等，清代更多，他们自己和学生、子孙，都在庭院和宅园中显过身手。他们的文学思想、绘画理论以及审美观必然会渗透到庭院艺术中去。这些文人画家有清高隐逸的一面，也热爱生活，正视现实，接触社会，积极入世。这对提高庭院艺术亦有积极影响。如宋代名臣范仲淹书房西斋名岁寒堂，堂前庭院二松对植，以庭院之环境抒怀："……持松之清，远耻辱矣，执松之劲，无柔

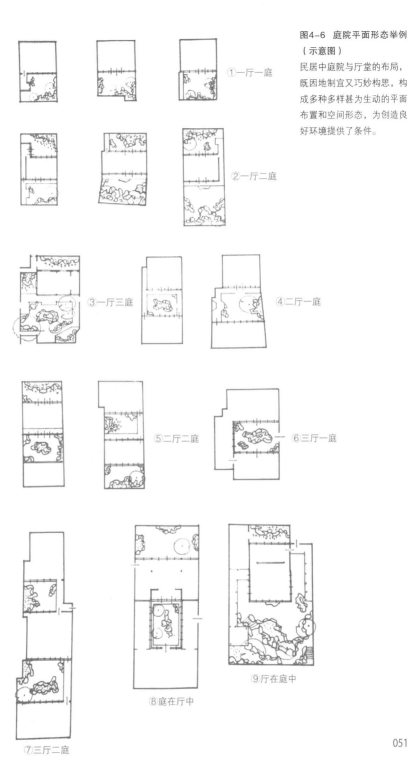

图4-6 庭院平面形态举例（示意图）

民居中庭院与厅堂的布局，既因地制宜又巧妙构思，构成多种多样甚为生动的平面布置和空间形态，为创造良好环境提供了条件。

①一厅一庭

②一厅二庭

③一厅三庭

④二厅一庭

⑤二厅二庭

⑥三厅一庭

⑦三厅二庭

⑧庭在厅中

⑨厅在庭中

邪矣。凛松之色，义不变矣。扬松之声，名彰闻矣。有松之心，德可长矣……"

人创造了环境，环境又修养了人。优美的庭院浓郁的绿化和精湛的空间艺术，促使文人画家得以保持良好的心境，滋润了他们的才思，激励了他们的创作热情，完成了许多传世杰作。唐寅赞叹这庭院环境是："水色山光明几上，松荫竹影度窗前；焚香坐对浑无事，自与诗书结静缘。"

总之，苏州传统民居在花厅、书房和庭院这一空间里，成功地实现了人、建筑、自然、艺术和环境的融合，奏出了"幽人之致，旷士之怀"的愉悦乐章，成为全宅中最具生活气息，最幽雅安静，最受人欢迎的起居空间，至今为人所眷恋。

五、无雕不成屋
有刻斯为贵

苏州民居中运用精美的砖雕、木雕和石雕来装饰建筑，使之既艺术美化，又具文化气氛。在苏州民居中，木作之梁架及装饰，石作之砷石（门鼓石，也称"碇石"）、栏杆、磴、礓石等，砖作门楼、墙门、垛头、题额、门景、照墙、包檐墙之抛枋等，处处能见到雕刻，真是所谓"无雕不成屋，有刻斯为贵"。

苏州砖雕在中国名列前茅，它造型生动，雕刻细腻，手法多变，题材脍炙人口。在略具规模的民居中，砖雕库门楼是不可缺少的。在大型民居里，每一进都有一道库门。库门楼的砖雕用精细耐磨的青砖，俗称"做清水砖"。砖雕门楼自成一个小的艺术天地，它集雕刻、

图5-1 网师园藻耀高翔门
（张振光 摄）
网师园分为东西两部分，东部是住宅建筑，在阔家头巷。东部大门造型奇特，雕镂精美，阊额上横刻"藻耀高翔"四个大字，左右各以砖雕加以装饰。进入此门，即为正厅"万卷堂"。

图5-2 沈三白宅砖雕门楼
/对面页
为清代文学家苏州人沈复（字三白，著有名作《浮生六记》）宅，坐落在大石头巷。中有砖雕门楼。该门楼称"四时读书乐"。以高浮雕手法雕出以四时读书为主的各种人物的生动姿态，精细入微。整个门楼具有极其幽静的读书意境，上下左右以"三星祝寿"、"八仙过海"等画面互相呼应。为现存砖雕门楼中之精品。

雕塑、绘画、装饰、文学、书法、艺术于一体。砖雕的内容多取材于戏曲故事、神话传说、民间风俗，经过匠师艺术提炼，虽仅一景一场，亦无不刻画得淋漓尽致，耐人寻味。门楼正中刻四字横匾额，如师俭贤俊、凤羽展辉、吟德怀和、增荣益誉、藻耀高翔、慕俭维德等，还加上年代、款识和印章，四边装饰香草、云寿、如意、回纹图案。至今苏州民居中尚存砖雕门楼达二百多个，完整和文化艺术价值较高的有阔家头巷何宅、东花桥巷汪宅、大石头巷沈宅等门楼。何宅大厅对景之砖雕门楼，全十字结构，建造于清乾隆年间，门楼高6米，雕镂幅面宽3.2米，中间有"藻耀高翔"砖额，两旁雕"文王访贤"和"郭子仪上寿"图，下排饰三个寿字，并附有蝙蝠图案，两侧为狮子滚绣球等花纹。门楼古色古香，精美绝伦，使整个大厅庭院呈现福、禄、寿、德的祥和气氛。

图5-3 沈三白宅砖雕门楼之细部

a

b

图5-4 中小型民居中的矮挞门及细部

中小型民居的门比较朴素大方，注重经济适
用。多数采用矮挞门，既便于开启，又能通风
保安全。一般无装饰，仅在门心上雕一太极图
以避邪取吉。

筑境 中国精致建筑100

图5-5 大型民居中之将军门
早期权贵府邸才设将军门。图
示阔家头巷何宅之将军门，门
两扇，两侧佐以砷石，门簪、
高门槛俱在，气势宏伟庄严。

民居之大门多朴实无华。有四扇或六扇墙门；有单扇如窗形的矮挞门，上部漏空，下部为裙板，中部为横档木，其上多雕刻有太极图案，形似装饰，实为一种避凶取吉的符镇。最豪华的是将军门，多显贵宅第所用。大门两侧砌垛头墙均用磨细清水砖，在檐口部分略施雕饰，颇能衬托出大门朴素典雅之气氛。

苏州民居的装饰又称装折，是栏杆、门窗、纱槅、飞罩、挂落等总称，均为木制，并都作各种艺术和雕刻处理，花纹图案较简洁，做工以精致细巧见长，是中国建筑木装折中的"苏州刺绣"。有的落地长槅扇的内心仔板（长槅扇上部的薄板）上还裱贴书画。

图5-6 墀头图案花纹/上图
大宅大门两侧均砌磨细清水砖墀头，在此部分略施雕饰，颇能衬托出大门朴素典雅之气氛。

图5-7 花厅装折（门窗和飞罩）/下图
图示为钮家巷潘宅花厅之木门窗和飞罩，图案花纹简洁秀丽，做工精致细巧，是现存民居中之佼佼者。

苏
州
民
居

无
雕
不
成
屋

有
刻
斯
为
贵

筑境
中国精致建筑100

图5-8 钮家巷潘宅之长窗

钮家巷潘宅上房楼的木窗装折，设计很特别和
优美，制作也十分讲究和精良。楼下半窗之上
有挂落，楼上呈半圆形的木栏杆外面装落地长
窗，长窗部位之上亦有挂落呈半圆形，与栏杆
上下对应，构成椭圆形的美丽图案。

a

b

图5-9 厅堂中的轩

为了加大房屋进深，在较大的住宅厅堂中都在
内四界前，另做对称式梁架、搁桁条和椽子，
上铺望砖，在厅堂内形成又一个空间，这就是
"轩"。根据椽子形状不同有多种形式。图示
为曹家巷王宅楼厅之一枝香轩。

苏州民居

无雕不成屋
有刻斯为贵

筑境
中国精致建筑100

a

b

图5-10 槅扇之木雕
栏杆、门窗、纱槅、飞罩、挂落等统称装折，都雕刻着各种图案和景物，以做工精细著称。图为苏州某宅的两扇长窗，从中可见苏州民居雕刻之美。

图5-11 垂花梁柱/对面页
（引自《苏州民居营建技术》，中国建筑工业出版社）

图5-12 苏式彩绘摹本

筑境　中国精致建筑100

彩绘在苏州民居中用得较少，只有少数厅堂梁架的梁、枋和桁条上做彩绘，而且并不布满。其图案、色彩是中国明式彩绘的一个流派，称"苏式彩绘"，以暖色素雅色调和包袱锦为主要表现形式，包袱内涂浅色地子，上画山水、人物、翎毛、花卉等图画，它既继承了汉代宫殿府第在木梁等上悬挂和包裹绫锦的传统，也和苏州地区盛产丝绸锦缎有着密切关系。

石雕：苏州近郊盛产花岗石和青石，多用于民居建筑的构造，如墙基、驳岸、栏杆、砷石、台阶、柱础之磉磴和磉等，并在石材上做出许多雕刻装饰。苏州石雕有高低深浅之分，一般分为素平、起阴纹、铲地起阳和地面突起等不同雕法。如民居大门之砷石、上部作圆鼓形，雕有挨狮、纹头、书包、葵花等式样。磉磴或光平或施浅雕，磉石多四周雕莲花瓣装饰，民居临河道之石驳岸的泄水孔和船缆石，考究者均施简洁纤秀的雕刻装饰。

六、身居闹市而有林泉之致——宅园

筑境 中国精致建筑100

苏州人喜欢灵巧、明丽、柔和的自然山水，居家虽小，也常向往"林泉之胜"。"虽闾阎下户，亦饰小山盆岛为玩"（《吴风录》），更何况苏州有宋以来，是全国著称的"天堂"，许多皇亲国戚、达官贵人、富商巨贾和文人雅士，都爱到苏州营建"安乐窝"。宅园始盛于两宋，明代达高潮，有271处，清代有130处。20世纪50年代有114处，现尚存园林庭院合计69处。

苏州的宅园，功能上是住宅的延续与扩大。它要满足宴客聚友、读书作画、观剧听曲和游览憩息等需要，必然要建一些厅、堂、亭、馆等建筑和构造自然山水风景，形成一个可游、可赏乃至可居的私家园林。

宅园多紧靠住宅的后面或侧面，家人和内眷游园，只需从住宅后部或侧面的便门出入。如拙政园可由住宅后厅之曲廊经便门达小沧浪或卅六鸳鸯馆。网师园从住宅后部厅房便门直达园林。对于外宾，苏州宅园大多设单独园门出入。但也有园与宅分开，而不紧连，如怡园之南为住宅，中隔"尚书里"小巷，入园者，无论内眷与外宾均须从园门出入。

明清时，苏州有一些宅园在春日对外开放，纵人游览，以为时尚。明清笔记丛书中载有"春暖，园林百花竞放，阍人索扫花钱少许，纵人流览。士女杂沓，罗绮如云。园中畜养珍禽异卉。静院明轩，挂名贤书画，陈设彝鼎图书。又或添种名花，布幕芦帘，提防雨淋

a

图6-1a 残粒园

位于苏州装驾桥巷。全园面积仅140平方米，但布局紧凑，善于利用空间，层次丰富，曲折有致。取名"残粒"，典出李商隐名句"红豆啄残鹦鹉粒"。残粒园原为清末扬州某盐商住宅的一部分，后归姚大宝；1929年归画家吴待秋，现仍为吴家所有。

图6-1b 残粒园图

此图出自吴待秋之子吴㝃木手笔。画家绘名园者多，绘自家园林者不多见。款"丙子之春吴㝃木年七十六"，丙子为1996年。

b

苏州民居

身居闹市而有林
泉之致——宅园

筑境 中国精致建筑100

图6-2 拙政园

拙政园建于明代，是御史王献臣的宅园。以水
面为中心，布局"以简略繁"，主次分明，重
点突出。既具江湖之情，又有山林之趣。

图6-3 拙政园小飞虹/上图
拙政园中"小沧浪"前之廊桥，名"小飞虹"。朱
漆栏杆倒映水中，如彩虹，微风轻拂，水波荡漾，
桥影势若飞动。

图6-4 怡园/下图
建于清光绪年间，是浙江宁绍道台顾文彬的宅园。
园的构思策划出于其子画家顾承之手。他博采众
长，糅苏州几代古典园林风格于一体，有集众锦于
一园的特点。图为"藕香榭"北山池景色。

筑境　中国精致建筑100

图6-5 环秀山庄/前页

五代时为吴越王钱元璙金谷园旧址。宋代归文学家朱长文，后屡易主。清道光年间园归汪氏，建宗祠重修东花园，名"环秀山庄"。园因占地不大，仅一亩余，不能凿大池，故以假山为主。假山出于名家戈裕良之手。戈裕良以大块竖石为骨，小石缀补，叠成蜿蜒多姿、浑然天成、峥嵘峭拔，气势雄伟的湖石假山，是苏州园林之瑰宝。

日炙。亭、观、台、榭，装点一新"（《清嘉录》，清·顾禄撰）。

苏州因土地昂贵，园的面积一般较小，大多仅占地几亩至十几亩，只有少数达几十亩乃至上百亩，故就面积而言，苏州宅园有大、中、小之分。要想在几亩地内满足上述功能要求，故园林结构多小巧玲珑，追求一种质朴、幽深、清逸的林下风流，并以此衬托出其品性的清高和超脱。这种审美情趣，是苏州宅园的共同特征。如清末著名画家吴待秋之残粒园，占地仅140平方米，在狭小的空间内仍营建了山水桥阁，不啻为壶中天地。

苏州处于江南平原地区的水乡泽国，地下水位较高，河道纵横。较大的园便于引园外河道之水至园内水池，并设有闸门调节水流，如夏季暴雨池水高涨时可向外排放。这类大宅园如留园、网师园、西园、耦园等。但多数宅园的水池靠地下水，并掘数口有一定深度的水井，使池水与井水相通，在久旱不雨时，池水不会完全干涸。同时，井水冬天温暖，有利于鱼类养殖过冬。

七、苏州民居独特的
交通方式——备弄

苏州民居独特的交通方式——备弄

⊕筑境 中国精致建筑100

中国建筑的传统布局，一般都是从前到后穿过中轴线上的房屋和院落作为交通路线的。苏州大型民居在交通组织上，安排了两套线路。在正落，按照礼法的要求，保持了自大门、轿厅至大厅的依轴线而入的交通线。逢大事，正落的各进门户、落地长窗、白漆屏门全部敞开或卸去，一路畅通无阻，但平时很少启用。因而特在正落与边落之间设置前通后达的备弄，对外可通向街巷和河道，对内则起着全宅日常交通的作用。备弄不但是联系全宅前后的纵向交通，而且又以它为主干，沟通了左右两落的横向交通。如从正落的上房到边落的花厅，只要走备弄即能到达，无须穿越别的厅堂。备弄既贯通和便利了全宅各部分之间的交通联系，又不干扰各厅堂内的活动，保证了院

图7-1 干将路某古民居备弄
干将路某古民居是经改造后的备弄，其格局、尺度均未动，仅重新油漆。通风、采光靠弄边天井。

图7-2 十全街某古民居备弄

十全街某古民居是经改造后的备弄，其格局尺度未变，仅添砖加瓦换去损坏木构并重新油漆。采光通风靠弄边的天井。

落、厅堂环境的安静。备弄的多少随宅居规模而定，少则一条，多则三四条。在封建社会中，备弄还是"为妇女仆婢行走，以避男宾和主人之道"，故又称"避弄"。备弄还兼具防火和安全巡逻的作用。这种以备弄为主的两套交通路线的布局方式，是苏州大型民居独具的特征。它把礼仪性的中轴线交通与经常性的交通分开，又把各进院落有机地联系在一起，远比仅仅只有一条穿过厅堂的中轴线交通为优越和合理。同时，由于备弄是按内廊形式建造的，上有屋盖，所以无风吹雨打、日晒夜露之虞。

苏州民居独特的
交通方式——备弄

备弄处在正落与边落之间的建筑实体之中，是一条净宽仅1.2—2米左右的狭长空间，它的通风、采光、屋盖构造和排水等都较困难。苏州的建筑匠师因地制宜采取了多种方法，较好地解决了这些问题：1）平行备弄辟设狭长天井，既可采光、通风，又利于屋面排水；2）在侧墙上开漏窗，既可借用两侧厅院和天井通风、采光，同时也甚美观；3）巧妙地利用建筑平面上位置的错开，形成折角，设通风、采光小天井；4）利用备弄两侧厅堂之边门间接采光和备弄前后出入口采光通风；5）在屋面上开天窗采光；6）备弄屋盖采用气楼式，以利通风、采光；7）备弄墙壁、顶棚粉白，以利光线反射；8）利用在墙侧设的壁龛，掌灯照明；9）条件可能时，在备弄天井中略点湖石一二，翠竹几枝，美化环境。

备弄原来都为一层，后也有两层的。上下两条备弄贯通全宅，使前后、左右、上下之间交通更为便捷。

八、家具陈设
舒适高雅

苏式家具是苏州制作的明代式样家具的简称。苏州是中国明式家具的主要发源地。苏式家具是在特定的历史文化背景下，在继承宋、元家具传统工艺的基础上，由文人画家参与设计和木工高超技艺相结合而产生的。苏式家具的特点是：设计精致并适应人体形态，突出适用的功能；结构合理，坚固耐用；造型优美简洁，线条流畅；色调和谐典雅；制作精巧细腻。因而驰名全国。虽然，清中叶后，清式家具已广为盛行，但因为清式家具一味追求富丽豪华、厚重繁缛、形体庞大的权贵和暴富的气氛，苏式家具的明式风格仍受到众多文化人的青睐。

苏州民居中的家具，主要根据建筑不同的功能和室内环境的要求，因地制宜地来设计制作，使家具与室内空间环境、建筑风格取得统一。

图8-1　留园五峰仙馆家具陈设

五峰仙馆是留园东部的主要厅堂，屋宇高深宏敞，装修富丽精美，家具古朴整齐，陈设文雅华贵。

图8-2 网师园万卷堂

大厅万卷堂，是举行隆重礼仪活动的场所，面阔五间开三门，雕花梁架，屋宇轩昂。厅内陈列一套按旧制对称布置、造型简洁明快的明式红木家具。东西墙上挂大理石挂屏，厅北正中屏门上悬挂中堂青松画轴，天然几上陈列怪石供、青瓷古瓶等，显得整个大厅庄重古雅。

大厅的家具陈设　大厅建筑高大，形体规整，装修考究，其家具陈设也要适合大厅的氛围。正面当首为天然几，长达七八尺，宽有尺余，略高于方桌，两端飞足起翘，气势高昂。在天然几前设方桌，左右各设太师椅一把。大厅两边，对称布置若干太师椅和配套的茶几、方桌、半桌等，格局清晰，层次分明。在堂匾、中堂、楹联、吊灯等的渲染和烘托下，整个大厅显得庄重热烈，严肃宁静。而茶几、桌案上的古玩、花瓶、盆花、墙上挂的书画等，点明主人的身份、志趣和爱好，起到协调大厅环境的作用。

内厅的家具陈设　内厅多为二层建筑。上层是卧房，底层是常作为接待亲友和处理日常家务的地方。它的陈设家具以适用为主，并要体现生活的情趣。一般在内厅的中央坐北朝南布设精巧华贵的榻，榻既可坐，也可睡卧。在榻的前面，左右两侧放置桌子、几案，有时也摆有花架或陈列架。在内厅的中心位置常安放一堂圆桌圆凳，边上是对称的椅子和茶几。这些椅子都为线条简洁、形体清秀的花背椅、屏背椅，而圆桌圆凳则以海棠式、梅花式、束腰形等为多。再通过墙面上书画、挂屏的渲染，在花灯的照明下，整个内厅生动活泼，充满家庭生活气息。

书房的家具陈设　书房是阅读、写作的地方，书自然成了书房中最主要的"陈设"。书的安放、布置造就了一种书卷气的氛围。在书房的墙面上悬挂相当数量的古画雕屏，为

图8-3 拙政园玲珑馆

馆悬额"玉壶冰",一式整齐的苏制清式家具,中间六幅槅扇用蓝白玻璃配成梅花格,其下裙板雕刻花卉博古图案。窗户均采用冰裂式花纹,以符合匾额"玉壶冰"。

家具陈设　舒适高雅

图8-4 耦园书房/上图

书房的陈设讲求宁静、淡雅。墙上张挂相当数量的
字画，家具有写字台、扶手椅、文椅、书橱、方桌
或条桌、茶几、盆景架、博古架等。图为耦园沈宅
东花园书房雕镂精美的落地罩，及书画、匾额和部
分家具。

图8-5 退思园湘妃榻/下图

内厅多为两层，上层为卧室，底层是处理日常事务
的地方。榻一般设于内厅底层中央坐北朝南处，可
坐可卧，是内厅常见的陈设。榻前左右两侧，安放
桌子、几案。图中的榻以湘妃竹编成，故名。

主人吟诗作画、谈古论今烘托气氛。书房的主要家具为写字台、扶手椅、文椅、书橱、方桌或条桌、茶几、画缸、盆景架、博古架等，其设计和制作非常精致，多简洁典雅，线条柔和，色彩明快，家具安放既整齐而又错落有致。书房墙壁的色调与家具相和谐，一般比较清淡，使置身其间有平和、宁静之感。这里值得一提的是在书房中常见的"文椅"，这是苏式家具中的一种扶手椅，坐靠舒适，线条流畅，外形明快，比例和谐，尺度适中。文椅用黄花梨、紫檀等优质硬木制作，花纹美丽，木质坚硬，品质优良。如今一把名贵花梨木文椅，价值高达数万美元，成为海内外收藏家梦寐以求的珍品。

图8-6 阔家头巷何宅女厅楼下家具陈设
阔家头巷何宅女厅楼下之家具陈设朴素大方，红木几和挂屏、椅子尺寸均较小。厅中置红木圆桌，亲友围坐可叙家常。两侧对联系著名《浮生六记》作者沈复（字三白）所作。匾额"撷秀楼"系清著名文学家俞樾所题书。

家具陈设　舒适高雅

筑境　中国精致建筑100

卧房的家具陈设　一般在中间设炕床，上有雕刻、绘画和各种装饰，既精致实用，又富丽华贵，是家庭世代相传的纪念物。在炕床的前面布置有床头柜、梳妆台、坐具之类。炕床的后面较隐蔽，放各种箱柜、衣橱、便桶等。明代文震亨在《长物志》一书中，对卧房的家具布置就有这样的记载："面南设卧榻一，榻后别留半室，人所不至，以置熏笼、衣架、盥匜池、箱奁、书灯之属。榻前仅置一小几，不设一物，小方杌二，小橱一，以置香药、玩器。室中精洁雅素。一涉绚丽，便如闺阁中，非幽人眠云梦月所宜矣。"

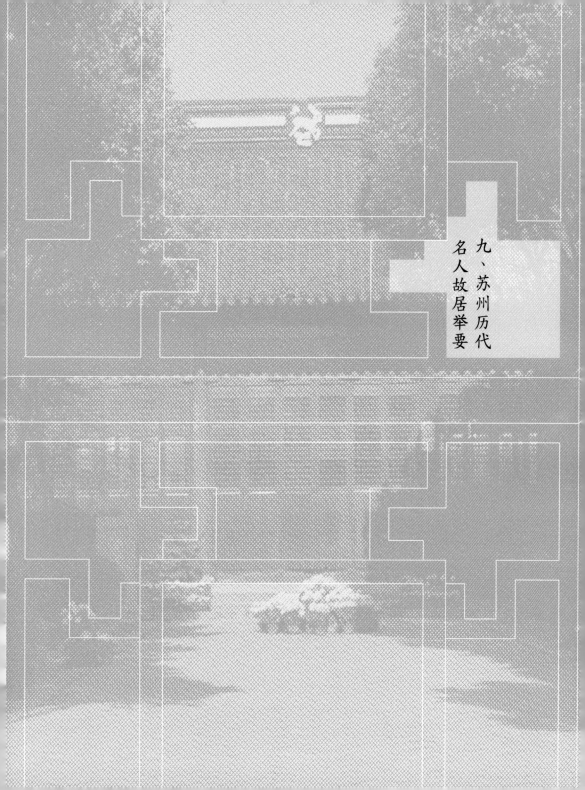

九、苏州历代
名人故居举要

苏州历代名人故居举要

筑境 中国精致建筑100

1. 宋代

范仲淹故居　北宋著名政治家、军事家、文学家、教育家范仲淹的故居在灵芝坊（今范庄前），是他的祖宅。故居宅前临河，对岸是一片树林，苍翠入云，浓荫蔽日，宅内也是乔木青葱，环境十分清静幽美。书房名岁寒堂，他非常喜欢这里的环境，交代子侄要好好保护它。范仲淹老年关心宗族和社会，在苏州住宅的基础上创设中国历史上最早的义庄和义宅，以周济族人，并附设义学。今故居和义庄、义学遗址尚在，建筑仅存义庄享堂，虽系清代重建，犹存明代风格。大门东首尚有石库门一座，上额"有唐故址"四字，为范氏祖宅之遗迹。

范成大故居　范成大曾任参知政事，著名田园诗人。他的故居在苏州近郊石湖之滨，称"石湖别墅"，故范成大自号"石湖居士"。别墅面山临湖，随地势高下，筑亭建阁，有农圃堂、天

图9-1 范仲淹故居义庄享堂
北宋著名政治家、军事家、文学家、教育家范仲淹故居之遗址及所存建筑为义庄享堂，清初重建，犹存明代风格。

镜阁、玉雪坡、梦渔轩、绮川亭等，其中尤以建在湖中的天镜阁为最胜。范在此写下了《四时田园杂兴》等田园诗篇，使石湖名声大振。今尚存遗址，天镜阁已重建，成为石湖风景区景点。

图9-2 叶圣陶故居

近代著名教育家、作家叶圣陶故居位于滚绣坊巷青石弄，环境甚为安静。至今房屋依旧，绿意仍浓。

2. 明代

王鏊故居　户部尚书、文渊阁大学士王鏊故居在学士街，旁枕夏驾湖。因王鏊是吴县太湖东山人，其子延哲命工仿山中景物为宅和宅园以娱之，名"怡老园"。今存遗址，尚有门楼、厅堂等明代建筑。

申时行故居　申时行为明嘉靖状元，官至吏部尚书、东阁大学士、内阁首辅。故居在景德路黄鹂坊桥东，地名就称申衙前。原宅第规模宏伟，有赐闲堂、宝纶堂、来青阁、蒙园等。庭前均植白皮松，青石石阶，有御书"同心匡辟"匾。此宅后世数易其主，有所变迁，但有些建筑，如西落大厅，建筑雄伟，规制超常，仍似明代原物。

文徵明故居　宅第在德庆坊巷（今高师巷），祖宅名"停云馆"，文徵明拓宅于东，建"百窗楼"、"玉磬山房"等，堂前叠石，植石榴树等花木，特别有两棵梧桐树，象征自己的人格。

唐寅故居　唐寅为明代著名书画家，与沈周、文徵明、仇英并称"吴门四家"，共创"吴门画派"。弘治年间，购买宋代枢密章粲的"桃花坞别墅"，取宅名，"桃花庵"，因自号"桃花庵主"。唐在宅内增筑数间雅致的茅屋，檐下挂堂名"读书阁"、"梦墨亭"、"桃花庵"、"检斋"等。四周筑花圃，"花开烂漫满树坞，风烟酷似桃源古"。唐去世后曾葬于此，后移至城西祖坟。今遗迹仅有"双荷花池"、"石板桥"及清代建筑十余椽。

3. 清代

潘世恩故居　潘为清道光时状元宰相，其宅第在钮家巷，称太傅第。原建筑为三落六进，宅后为宅园凤池园，有梅花楼、凝香径、玉泉、凤池亭、先得月处、烟波画船诸胜。现尚有花厅、船厅、纱帽厅等建筑。其中纱帽厅

建筑华丽，装修古朴精细，至今保存完好，现为苏州市文物保护单位。

沈德潜故居 沈为清著名诗人、文学批评家、礼部侍郎、侍讲学士。其宅第在阔家头巷。原建筑为三落五进。现仅剩正落三进和门前的照壁。大厅名"教忠堂"，是楠木大厅，用料粗壮讲究，顶柱楠木直径330毫米，是苏州现存大厅之最。另外，此宅御赐匾额甚多，诸如"词宗耆硕"、"鹤性松身"、"学有本原"、"道成风雅"等，显示皇帝对他的宠信。

沈三白故居 沈三白又名沈复，清代文学家，著有《浮生六记》。他的故居在大石头巷，有三落，正落五进，边落各三进。其中花厅格局很有特色，厅前面有庭，厅的中间还包

图9-3 张大千寄居过的网师园殿春簃
1932年，张善子、张大千昆仲流寓苏州，应叶恭绰之邀，寄居网师园之殿春簃。簃指与阁相连的小屋。殿春簃典出苏轼诗"多谢花工怜寂寞，尚留芍药殿春风"，图为殿春簃窗景。

有小庭。宅内有砖雕库门楼两座，尤以第三进之砖雕楼最精美，人物姿态生动，布局严谨妥帖，内容以四时读书乐为主，中间字额为"麟游凤翔"，上下左右"三星祝寿"、"八仙过海"等画面互相呼应。是清早期遗留至今之砖雕艺术精品，现住宅基本保存尚好。

4. 近代

章太炎故居　近代著名民主革命家、思想家章太炎的故居在锦帆路，南面为西式二层楼房的住宅，后面为一大园，靠北一排平房为章氏国学讲习所的课堂与宿舍。园中有章太炎衣冠墓，墓前有张大千画章太炎像墓碑。

吴待秋故居　吴宅在装驾桥巷，建于清末。吴待秋于民国18年（1929年）买下，后经改扩建而成。住宅有中、东、西三落，现基本完好。东落花厅东侧有宅园，名"残粒园"。园虽小。但以玲珑精巧、小中见大著称于江南。园中栝苍亭下有吴待秋衣冠墓。现住宅与宅园，均归当代著名吴门画派画家吴朩木（吴待秋之子）所有。

叶圣陶故居　现代著名教育家、作家叶圣陶故居在滚绣坊巷青石弄。住宅总用地不到一亩，一排平房四间，坐北朝南，屋前有一庭园，植有广玉兰、海棠、红梅、石榴、槐树、葡萄等，绿意浓浓。现已辟为"叶圣陶故居"。

顾颉刚故居 顾颉刚为现代史学家、民间文艺研究家。故居在悬桥巷顾家花园。宅北临河，大门东向。正落共五进，第二进为顾颉刚之书房和卧室，大厅在第四进。正落之后两侧有附房。原有宅园名"宝树园"。现住宅基本格局尚存，已辟为"顾颉刚故居"。

周瘦鹃故居 周瘦鹃为现代作家、翻译家、盆景专家。故居在甫桥西街王长河头。南面一大片花园，布满盆景，园之南有小丘称"梅丘"，上筑"梅屋"。北面平房七间，坐北朝南，中间为"爱莲堂"，东边三间为起居和卧室，起居室名"凤来仪室"，西边分别为书房"紫罗兰盦"，作为餐厅的"寒香阁"，作为客座的"且住"。出"爱莲堂"北门，通过短廊达后门，平时都由此出入。正门在花园西，很少开放。周瘦鹃生前，曾有很多政治家、社会名流和外宾来访，并参观其盆景和宅园。

苏州历代名人私宅一览

朝代	姓名	职务	成就	故居地址
宋	范仲淹	参政知事	一生以天下为己任，关心国计民生。为政清正廉洁，重视教育，培养人才。他以"先天下之忧而忧，后天下之乐而乐"千古名言，激励后代为国家奋斗献身	范庄前
	范成大	中书舍人、参政知事	关心民间疾苦，兴办义役，兴修水利，制订维护水利长远措施。著名文家学、田园诗人	石湖
明	吴宽	礼部尚书、状元	行履高洁，不为激矫，而自守以正，作诗文有典则。著名状元书法家，尤工行书，藏书家	乐桥西尚书里
	高启	著名诗人	诗歌上具有特殊天才，"出语无尘俗气，清新俊逸，若天授之业者"	夏侯桥
	王鏊	文渊阁大学士、武英殿大学士、宰相	为人正直、居官清廉，敢于直谏，与宦官势力做斗争。文学家，文章典雅，议论明畅，又通医学	梵门桥弄，另一处在太湖东山陆巷
	申时行	状元、宰相	办事谨慎，矜持，能从大局着想	景德路
	文徵明	翰林院待诏	善诗文书画，工行草，精小楷，名重当代，学生甚多，与沈周、唐寅、仇英等创"吴门画派"，史称明四家	曹家巷
	唐寅	著名书画家	毕生致力于绘画，擅山水，工人物花鸟，兼书法，能诗文，与沈周、文徵明、仇英等创"吴门画派"，史称明四家	桃花坞
	文震亨	中书舍人	曾祖文徵明，诗文书画，均能得其家传，著作有《长物志》、《琴谱》、《开读传信》等十余种	高师巷

朝代	姓名	职务	成就	故居地址
	毕沅	状元、湖广总督	好著书，经史小学金石地理之学，无所不通，致力保护文物古迹	景德路
	潘世恩	状元、宰相、武英殿大学士、体仁阁大学士	鸦片战争期间，对林则徐之论奏，多表赞许。咸丰帝即位，他力荐贤才	钮家巷
	尤侗	翰林院检讨	参修《明史》，文学家、词曲家，作词曲甚多，流传甚广泛，成就较高	莭门内上圹
	彭启丰	状元、兵部右侍郎	在朝垂四十年，试士之典无不在列，工画山水，诗、古文具有家法，碑版文尤推重于世	十全街
	俞樾	翰林院编修、河南提学使	文学家、考据家、戏曲家	马医科巷
清	石蕴玉	翰林院编修	戏曲家，精考证，擅书法，剧作大多以历史上文学大家为主角	中街路
	沈复	一生做幕僚和商人	著《浮生六记》，书中对园林布局、起居服饰、假山房舍等诸多方面评述有独到之处	大石头巷
	吴昌硕	书画家、篆刻家	书法以石鼓文最为擅长，篆刻朴茂苍劲，前无古人，画笔墨坚挺，气魄厚重，色彩浓郁，结构突兀，有金石气，画风震撼当时，影响后世。吴昌硕是位集诗、书、画、印于一身的四绝艺术大师	桂和坊
	吴待秋（吴澄）	近代绘画海上四名家之一	少承家学；诗词书画，皆卓然成家，亦擅篆刻，书画皆极精湛，其子吴㲈木是当代著名吴门画派画家	大王家巷

苏州历代名人私宅一览

筑境 中国精致建筑100

朝代	姓名	职务	成就	故居地址
近代	章太炎	孙中山枢密顾问	主编《民报》、《共和日报》，是近代民主革命家、思想家，在文学、历史学、语言学等方面造诣甚深高	锦帆路
	吴梅	北京大学教授等	戏曲理论家、教育家，终身从事戏曲研究，是中国第一个把"昆曲学"引入高等学府的人	蒲林巷
	叶圣陶	曾任全国政协副主席	著名教育家、作家，新文学史上的先驱者，20世纪三四十年代主编的《中学生》杂志，在社会上产生极为广泛的影响	滚绣坊巷青石弄
	顾颉刚	北京大学教授，现代史学家，民间文艺研究家	中国现代民间文艺学、中国民俗学的开拓者，在诗歌、传说、民间风俗等方面研究有较突出成绩	悬桥巷
	王佩净	东吴大学（前东师大）教授	长于考据（如平江城坊考），对古文献学、金石学、盐铁论等有高深研究，对高等教育作出了贡献	颜家巷
	周瘦鹃	现代著名作家、翻译家	在文学和园林艺术上有成就，是盆景艺术大师	甫桥西街王长河头

图书在版编目（CIP）数据

苏州民居 / 俞绳方撰文 / 俞绳方等摄影. —北京：中国建筑工业出版社，2013.10
（中国精致建筑100）
ISBN 978-7-112-15753-2

Ⅰ.①苏… Ⅱ.①俞… ②俞… Ⅲ.①民居–建筑艺术–苏州市 Ⅳ.① TU241.5

中国版本图书馆CIP 数据核字（2013）第197560号

©中国建筑工业出版社

责任编辑：董苏华 张惠珍 孙立波
技术编辑：李建云 赵子宽
图片编辑：张振光
美术编辑：赵 清 康 羽
书籍设计：瀚清堂·赵 清 周伟伟 康 羽
责任校对：张慧丽 陈晶晶 关 健
图文统筹：廖晓明 孙 梅 骆毓华
责任印制：郭希增 臧红心
材料统筹：方承艺

中国精致建筑100

苏州民居

俞绳方 撰文 / 俞绳方等 摄影

中国建筑工业出版社出版、发行（北京海淀三里河路9号）

各地新华书店、建筑书店经销

南京瀚清堂设计有限公司制版

北京顺诚彩色印刷有限公司印刷

开本：889×710 毫米 1/32 印张：3 插页：1 字数：125 千字
2016年12月第一版 2016年12月第一次印刷
定价：**48.00元**
ISBN 978-7-112-15753-2
　　　（24328）